DE LA CULTURE

DU MURIER.

DE LA CULTURE

DU MURIER,

PAR MATTHIEU BONAFOUS,

DIRECTEUR DU JARDIN ROYAL D'AGRICULTURE DE TURIN ; DES ACADÉMIES
DE LYON ET DE MARSEILLE ; DE LA SOCIÉTÉ ROYALE ET CENTRALE
D'AGRICULTURE, ET DE LA SOCIÉTÉ PHILOMATIQUE DE PARIS ; DES
SOCIÉTÉS DES SCIENCES ET AGRICULTURE DE GENÈVE, BOLOGNE,
NANCY, STRASBOURG, MONTPELLIER, ETC.

*Mémoire pour lequel le département du Rhône a décerné une
Médaille d'or à l'Auteur.*

> Superest unum genus liberale, et
> ingenuum rei familiaris augendæ,
> quod ex agricolatione contingit.
> COLUM. *De re rust.*

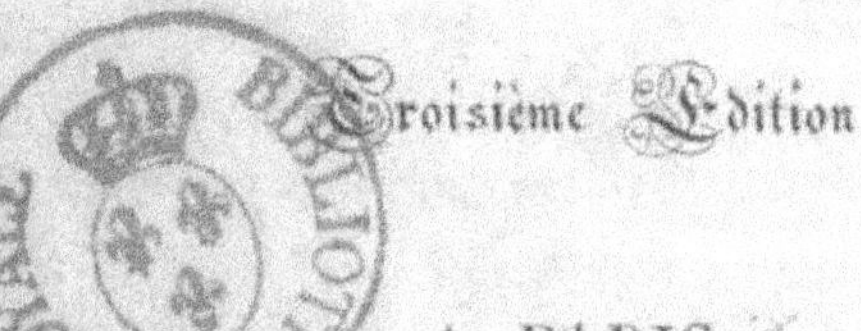

Troisième Édition.

A PARIS,

Mme. HUZARD, LIBRAIRE, RUE DE L'ÉPERON, N° 7.

A LYON,

CHEZ...

BARRET, LIBRAIRE, PLACE DES TERREAUX,
N°s. 19 ET 20;

BOHAIRE, LIBRAIRE, RUE PUITS-GAILLOT, N°. 9.

1827.

INTRODUCTION.

La fin du quinzième siècle est une des
époques les plus mémorables de notre
agriculture. Des seigneurs qui avaient ac-
compagné Charles VIII dans les guerres
d'Italie, ayant remarqué les avantages
que cette contrée retirait du commerce
de la soie, envoyèrent chercher à Naples
des mûriers, qui furent plantés dans les
environs de Montélimart, où l'on voit
encore un de ces arbres antiques, dont
les descendans couvrent notre sol et lui
assurent un revenu considérable.

Ce prince, peu d'années après, créa des
pépinières de mûriers, et encouragea les
manufactures de soie de Lyon et de Tours ;
cependant ces premiers essais ne tardèrent

pas à être abandonnés; et, du temps de Louis, le père du peuple, on n'employait encore que les soies d'Espagne et d'Italie.

Henri II, par une loi promulguée en 1554, ne contribua que faiblement à la propagation de cet arbre.

Sous Charles IX, un jardinier de Nîmes, dont l'histoire doit conserver le nom, François Traucat, couvrait de mûriers le Languedoc, la Provence et le Dauphiné. Olivier de Serres, l'un des premiers les accueillit dans sa terre du Pradel; il améliora leur culture, ainsi que l'éducation des chenilles qui se nourrissent de leurs feuilles.

Plein d'estime pour Olivier, le bon et grand Henri le consulta sur les moyens de naturaliser la *cueillette de la soie*; l'avis de ce vénérable agriculteur l'emporta sur l'opinion de Sully, et bientôt cette riche récolte se fit à Toulouse, à Moulins et à Tours. Des plantations furent faites à Mantes, à Rosni et dans le jardin même des Tuileries. Un édit de 1599 prohiba l'importation des étoffes de soie; des lettres-patentes provoquèrent la culture des mûriers sur tous les terrains qu'on leur croyait favorables; des commissaires furent envoyés dans les généralités de Paris, Orléans, Tours et Lyon, pour reconnaître si le mûrier pouvait y réussir; leur rapport fut affirmatif; mais un arrêt du Conseil d'Etat, du 14 octobre 1602, découragea les habitans des campagnes, en ordonnant une augmentation de taille, applicable à l'établissement des pépinières.

Sous le règne de Louis XIII, cette branche agricole fut délaissée; Richelieu affermit le trône sans enrichir l'Etat, il négligeait les arts utiles; et Mazarin ne connut point cette sorte de gloire que l'amour de la patrie invite à chercher.

Louis XIV, qui pensait que la prospérité d'une nation reposait principalement sur l'agriculture et le commerce, choisit Colbert pour exécuter ses desseins. Ce ministre comprit tout l'avantage qu'on pouvait retirer du mûrier; il établit des pépinières royales, distribua les pieds qui en provenaient, les fit planter aux frais de l'Etat, et paya une prime pour chaque arbre qui subsistait trois ans après la plantation.

Louis XV ne perdit point de vue l'objet important qui avait occupé son prédécesseur; des pépinières furent également formées dans plusieurs provinces, et les arbres en furent encore distribués gratuitement.

Louis XVI augmenta le nombre des pépinières, Turgot seconda les vues du Monarque; mais alors nos troubles civils éclatèrent; et l'industrie agricole se fonde difficilement lorsqu'elle n'aperçoit qu'un avenir incertain.

Le gouvernement impérial , considérant l'Italie comme une de ses provinces, ne fit presque rien pour encourager en France la production de la soie.

De nos jours, les Sociétés royales d'agriculture de Paris et de Lyon , ainsi que d'autres Sociétés départementales , ont secondé les vues du Gouvernement , en excitant une louable émulation chez les cultivateurs, et enfin S. M. Charles X , persuadée que le capital le plus avantageusement employé pour une nation est celui qui féconde l'industrie agricole, a fondé , dans le département de Seine-et-Oise , une ferme expérimentale , consacrée à la culture du mûrier et à l'éducation des vers à soie.

Ici se termine l'histoire du mûrier depuis l'époque de son introduction en

France. On doit croire que sa culture
aurait déjà acquis tout le développement
qu'elle prend aujourd'hui, si l'incertitude
d'obtenir des récoltes de soie satisfaisantes
n'eût affaibli le zèle d'un grand nombre
de cultivateurs; ils attribuèrent au climat
et à la terre des accidens qui appartenaient
à l'ignorance, et ils portèrent la hache
aux pieds de ces arbres qui devaient les
enrichir.

Réduire l'art de gouverner les vers à soie
à des principes et à des règles simples, faciles, et capables d'assurer le succès des
éducations, telle est la voie qu'il fallait
prendre pour faire apprécier l'utilité du
mûrier, et tel est le service signalé que le
comte Dandolo a rendu à l'économie rurale. Sa méthode, que nous avons fait
connaître, assure aux éducateurs une
réussite si constante, que cet arbre peut
devenir une des principales sources de la

richesse territoriale par-tout où le climat n'apporte pas d'obstacle à sa culture.

Puissent les notions que nous présentons aux agriculteurs leur épargner les incertitudes, le temps et les frais que peuvent entraîner les essais et la recherche des moyens propres à faire prospérer cet arbre dans notre fertile patrie ! Par son heureuse situation elle jouit d'une température intermédiaire entre le froid rigoureux, qui suspend et arrête la végétation dans les pays plus au nord, et la chaleur excessive, qui dessèche les productions des contrées plus méridionales.

Les bases sur lesquelles repose le mode de culture que nous proposons, et dont nous avons reconnu les avantages par notre propre expérience, appartiennent, en grande partie, au comte Charles Verri, dont nous chérirons toujours la mémoire, et à qui l'agriculture italienne doit d'importantes améliorations. Aidé aussi par d'autres agronomes, et sur-tout par notre savant ami, M. le marquis de Spin, dont les travaux nous ont mis à même de donner du prix à cet opuscule, nous croyons pouvoir offrir des résultats qui méritent ce degré de confiance dont nous nous sommes fait un besoin à nous-même.

DE LA CULTURE
DU MURIER.

CHAPITRE PREMIER.

NOTIONS PRÉLIMINAIRES.

On ne connaît encore aucune substance qui soit susceptible de remplacer la feuille du mûrier pour servir à la nourriture des vers à soie jusqu'au terme de leur éducation.

Lorsque ces précieux insectes furent introduits en Europe, on les éleva d'abord avec la feuille du mûrier noir (1), le seul qui y fût connu de toute ancienneté.

Peu de temps après, le mûrier blanc (2) fut naturalisé dans les régions méridionales de l'Europe.

Cette dernière espèce offrait plusieurs avan-

---

(1) *Morus nigra*, foliis cordatis, ovatis lobatisve, inæqualiter dentatis, scabris. Willd., sp. 4, p. 369.

(2) *Morus alba*, foliis profundè cordatis, basi inæqualibus, ovatis lobatisve, inæqualiter serratis, læviusculis. Wild., sp. 4, p. 368.

tages sur le mûrier noir : 1°. ses feuilles s'épanouissent quinze ou vingt jours plus tôt ; par là les vers sont d'autant plus avancés, et se trouvent préservés des chaleurs du solstice d'été.

2°. Il croît plus vite et son feuillage est plus abondant.

3°. Sa feuille, plus tendre et plus nutritive, procure une soie supérieure à celle du mûrier noir, dont les vers à soie ne s'accommodent pas volontiers quand ils sont jeunes.

Cette espèce, la seule dont nous nous occuperons, comprend des variétés assez nombreuses pour que les agronomes ne s'accordent point sur leur nomenclature ; Dandolo, après en avoir examiné plusieurs, donna la préférence à celles connues en Lombardie sous les noms de *giazzola* et de *foglia doppia*. Ce célèbre cultivateur regardait sur-tout cette dernière comme la meilleure, quoique l'arbre fût difficile à effeuiller. Aujourd'hui on recommande la culture d'une sous-espèce ou variété du mûrier blanc, que le docteur *Moretti*, professeur d'agriculture à l'Université de Pavie, nous a envoyée sous le nom de *morus macrophylla* ou mûrier à feuilles longues, et que nous nous proposons de propager, si nous reconnaissons qu'elle soit préférable à celles généralement cultivées.

En attendant, nous dirons que sur un grand nombre de variétés que nous avons observées, la forme des feuilles offre des différences sur le même individu ; que celui qui présente, dans sa jeunesse, des feuilles entières, finit souvent, avec l'âge, par les avoir découpées, et qu'il n'est pas rare que les feuilles de la seconde pousse ne diffèrent de celles de la première.

Aussi nous nous bornerons à dire que l'on distingue dans la feuille du mûrier cinq substances différentes : 1°. le parenchyme solide, ou substance fibreuse ; 2°. la substance colorante ; 3°. l'eau ; 4°. la substance sucrée ; 5°. la substance résineuse.

La substance fibreuse, la substance colorante et l'eau, moins celle qui devient partie intégrante de l'animal, ne sont point proprement des substances nutritives pour le ver à soie. La substance sucrée est celle qui nourrit le ver, le fait croître et se convertit en substance animale. La substance résineuse est celle qui, séparée et élaborée par l'organisme animal, constitue la matière de la soie.

On peut conclure de là que de toutes les variétés celle dont les feuilles présentent sous un même poids une plus grande proportion de principe alimentaire, le plus de substance résineuse et le moins de parenchyme, est celle que l'on doit employer de préférence aux autres (1).

L'âge de l'arbre, sa culture, le sol, la saison plus ou moins humide, occasionnent des différences dans les proportions des substances qu'on trouve dans la feuille du mûrier. Ces proportions sont, au contraire, toujours semblables quand les arbres se trouvent dans les mêmes circonstances.

Les botanistes placent le mûrier dans la classe des plantes monoïques, laquelle renferme celles dont les fleurs mâles et femelles existent séparément sur le même individu. Cependant il n'est pas rare de trouver les deux sexes séparés sur des pieds différens ; ce qui rapporterait aussi le mûrier à la classe des plantes dioïques. Cette circonstance nous porte à croire qu'il serait intéressant de propager de préférence le mûrier mâle ; il en résulterait plusieurs avantages.

1°. On serait exempt du déchet considérable

---

(1) Le traitement chimique auquel nous avons soumis la feuille du mûrier blanc se trouve consigné dans notre Mémoire, intitulé : *Recherches sur les moyens de remplacer la feuille du mûrier par une autre substance propre au ver à soie, et de l'emploi du résidu des cocons comme engrais.* Paris, 1826. (Voyez aussi le *Recueil des Mémoires de la Société royale et centrale d'Agriculture*, année 1825.)

que les fruits occasionnent lorsqu'on épluche la feuille.

2°. Dans les derniers âges du ver à soie, où la feuille n'est mondée que grossièrement, on n'aurait point dans la litière ces baies mucilagineuses, qui ne font qu'augmenter la fermentation, toujours au préjudice de ces insectes.

3°. Il paraît que la sève qui sert à nourrir les fruits sur l'arbre femelle, concourrait plus utilement, sur l'individu mâle, à la nutrition des feuilles.

On peut entreprendre la culture du mûrier pour nourrir les vers à soie, dans tous les climats où cet arbre, effeuillé une fois dans l'année, peut produire une seconde feuille, et bien aoûter son nouveau bois.

Quoique le mûrier s'accommode de toute sorte de terrain, pourvu qu'il ne soit pas impropre à la végétation, cependant il n'acquiert point partout la même force, ni ses feuilles le même degré de bonté.

Le mûrier planté dans les lieux élevés, *ventilés*, naturellement secs, et dans les fonds légers, procure généralement une soie abondante, fine et nerveuse. Exposé à des vents auxquels il peut résister, il devient plus robuste; son bois acquiert plus de dureté, et ses racines sont plus fortes, sur-tout du côté frappé par l'air.

Le même arbre, dans les lieux bas et humides, dans les terres substantielles, donne une soie moins abondante et inférieure en qualité.

Il est d'ailleurs constant que les plantations de mûriers faites dans les régions froides donnent des feuilles moins bonnes. La rareté des pluies et une chaleur soutenue améliorent le fluide nourricier de ces feuilles, comme celui de tous les arbres originaires des pays chauds.

Ces différences sont les plus générales; il en est d'autres qui appartiennent à des circonstances locales et atmosphériques.

Nous ne voulons pas nous dissimuler que l'ombre et les racines du mûrier ne nuisent en quelque sorte aux récoltes qui l'avoisinent, et que la cueillette de la feuille et la taille de l'arbre n'apportent des inconvéniens : c'est ce que le mûrier a de commun avec les arbres que l'on plante ordinairement dans les champs; mais il est juste de dire que l'on trouve des compensations non-seulement dans la riche matière que le mûrier fournit à l'industrie, mais encore dans le bois que l'on retire de la taille, dans l'engrais précieux que donne la litière des vers à soie, ainsi que dans celui, plus puissant, que fournit l'insecte après la filature du cocon.

Comme le bois de mûrier est assez dur, il est

propre à faire différens ouvrages de tour et de menuiserie ; on peut aussi le faire rouir dans l'eau, et l'écorce filamenteuse qui se détache sert à faire des cordes, de la toile ou du papier.

La pesanteur spécifique du bois de cet arbre est la même que celle du noyer ; c'est-à-dire qu'il pèse environ quarante-quatre livres par pied cube dans son état de parfaite dessiccation.

CHAPITRE II.

DU SEMIS DES MURIERS.

La voie des semis est la plus sûre pour obtenir des sujets vigoureux et de belle venue.

La graine que l'on se propose de semer doit être prise sur des arbres parfaitement sains, ni trop jeunes ni trop vieux, et l'on ne doit pas en cueillir la fenille, l'année où l'on veut en récolter les fruits; enfin il faut attendre que ceux-ci soient parvenus à leur parfaite maturité et tombent d'eux-mêmes.

Alors on secoue légèrement les branches des arbres, après avoir étendu des toiles au-dessous, ou bien on se contente de ramasser sur terre les mûres, à mesure qu'elles tombent.

On écrase ces mûres avec les mains dans un vase rempli d'eau, et lorsque la graine paraît détachée de la pulpe, on incline le vase de manière que tous les débris s'échappent avec l'eau, et que la graine reste au fond; on renouvelle l'eau, et l'on réitère plusieurs fois ces lotions, jusqu'à ce que la graine soit bien nette; ensuite on l'écoule sur un linge, et on l'étend à l'ombre, dans un endroit aéré, pour qu'elle puisse sécher.

D'après l'ordre de la nature, la vraie saison pour faire les semis est celle où les semences, parvenues à leur maturité, se répandent d'elles-mêmes. Ainsi, après avoir séparé la graine de la pulpe, on devrait aussitôt la confier à la terre; mais lorsque la saison, déjà avancée, ou lorsque la nature du climat fait craindre que les petits plants, qui lèvent ordinairement dans huit à douze jours, ne puissent prendre assez de force pour supporter la rigueur de l'hiver, on ne doit semer qu'au printemps suivant, dès qu'on n'a plus à craindre les fortes gelées.

Le moyen de conserver la graine consiste à la mêler et à l'enfouir dans du sable bien desséché, que l'on dépose dans un lieu frais et sec; elle y retient sa fraîcheur, et se trouve à l'abri du contact immédiat de l'air.

Le terrain doit être d'une fertilité moyenne, ni trop sec, ni trop humide; on le défonce deux ou trois fois à un pied de profondeur; on le débarrasse des pierres et des racines qui pourraient s'y trouver; plus la terre aura été remuée, émiettée, changée de place, et plus elle sera perméable aux pluies et à la chaleur du soleil; conditions nécessaires de toute riche végétation.

On distribue le terrain en planches, dont la longueur doit être proportionnée à la quantité de graine qu'on a à sa disposition, mais dont la largeur doit être calculée de manière qu'on puisse atteindre jusqu'au milieu des planches lorsqu'il est nécessaire de les sarcler.

On trace sur les planches de petites raies bien alignées, à huit ou dix doigts de distance, et à la profondeur d'un pouce; on les recouvre soigneusement de terreau, après y avoir répandu la graine.

Si le sol est d'une nature forte et tenace, on y répand une légère couche de cendre, de suie, ou de vieux fumier bien pulvérisé, afin que les rayons du soleil ne l'endurcissent point.

Nous ne fixerons pas la quantité de graine à répandre sur une étendue donnée; il vaut mieux semer épais que trop clair, et le plus également possible. On est toujours à temps d'enlever les plants surabondans. Une once de graine, si elle lève bien, produit seize mille plants de mûriers.

Il est des agriculteurs qui couvrent leurs planches avec des paillassons ou avec de la paille hachée, jusqu'à ce que les germes commencent à sortir de terre; il en est d'autres qui, pour se préserver de tout inconvénient, font leur semis dans des caisses, qu'ils placent à une température convenable ; mais peut-être que les sujets élevés de cette manière sont ensuite plus sensibles au froid que ceux venus en pleine terre.

Dès la levée de la pourrette, c'est ainsi qu'on nomme les jeunes plants provenus de semis, il faut les éclaircir en laissant entre eux un intervalle de deux à trois pouces, et plus encore si l'étendue du terrain le permet : sans cela, chaque pied file et s'élance sans prendre une bonne consistance ; mais si la terre est endurcie, on a soin de l'arroser, de crainte qu'en déracinant les pieds, on n'ébranle ceux qui doivent rester, et dès que les racines sont assez raffermies, on ameublit légèrement le sol : plus on remue la terre sans déranger les racines, plus la végétation est vigoureuse.

Au printemps suivant, lorsque les semis ont été faits dans un bon sol, il se rencontre quelquefois des individus assez forts pour être greffés ; cependant la plus grande partie des jeunes plants est encore trop faible pour subir cette opération : ils doivent être coupés rez terre, pour qu'ils poussent une tige plus forte et plus propre à recevoir la greffe ; mais ce récepage exige beaucoup de ménagement, pour ne pas donner des secousses aux racines ; on peut, pour cela, employer des tenailles à mâchoires très-tranchantes, au lieu de serpettes.

Lorsque les bourgeons du mûrier se développent, on n'en laisse subsister qu'un seul, qui profitera de la sève, dont les autres se seraient nourris. Cet ébourgeonnement doit se faire avant la pousse des feuilles; plus tard, il serait difficile d'opérer sans offenser l'écorce encore tendre des jeunes plantes.

Le développement de ces bourgeons formera de belles tiges, si l'on a soin d'en ôter tous les jets latéraux pendant qu'ils sont encore herbacés, de ne conserver que les feuilles, et de donner à la terre de légers et fréquens labours, ni trop superficiels, parce qu'ils ne rempliraient pas leur objet, ni trop profonds, parce qu'ils pourraient nuire aux racines.

CHAPITRE III.

DE LA GREFFE.

Une question divise encore les agriculteurs, savoir s'il est avantageux de greffer le mûrier, ou de laisser cet arbre dans son état primitif. L'une et l'autre de ces deux méthodes ont des partisans, et chacune peut citer en sa faveur des agronomes distingués.

Ne pourrait-on pas se mettre d'accord si l'on considérait que le mûrier greffé n'a été, dans son origine, qu'un mûrier sauvageon provenu accidentellement de semence comme tous les autres, et que, perpétué à l'aide de la greffe, il conserve, par ce moyen, toutes les qualités qu'il a reçues de la nature lorsqu'elle l'a produit?

Or, puisqu'il est impossible de reproduire et de multiplier, par la voie des semis, une variété quelconque sans qu'elle n'éprouve quelque changement, il est indispensable de recourir à la greffe pour avoir des arbres parfaitement semblables à la variété que l'on préfère.

Comme il importe d'ailleurs de donner aux

vers à soie une nourriture d'égale qualité, il serait difficile, sans la greffe, de former des plantations dont les feuilles fussent homogènes entre elles. Nous recommandons cependant à l'agriculteur de ne pas négliger de choisir dans ses semis les individus sauvageons qui présentent une feuille aussi belle et quelquefois supérieure à celle de la variété même qu'on a semée, et de les multiplier ensuite par la greffe.

Dans le Véronais, où la culture du mûrier peut servir d'exemple, on nous assure qu'on multiplie les mûriers par des provignemens. Ce procédé, qui est peut-être le meilleur, demande à être constaté chez nous par des expériences suivies.

Il est reconnu que de toutes les greffes celle en flûte ou chalumeau et celle en écusson à la pousse sont les plus propres au mûrier : cette dernière est certainement plus expéditive ; mais la première s'adapte mieux à l'arbre, et les jets qu'elle donne sont moins exposés aux coups de vent.

L'écusson à l'œil dormant réussit très-rarement sur le mûrier.

On sait que la greffe en chalumeau s'opère en enlevant un anneau cortical, et en le substituant à un autre qu'on a ôté du sujet. Si cet anneau est trop large pour toucher par tout le bois du sujet, il n'y a pas d'inconvénient à lui retrancher une lanière longitudinale; si, au contraire, il est trop étroit, on y ajoute une bande prise sur la même branche, portant, s'il se peut, un œil, et on l'assujettit par un lien.

La greffe en écusson se fait en enlevant un bouton avec son écorce lorsque l'arbre est en sève, et en l'insérant dans une ouverture que l'on fait dans l'écorce du sujet. Le point essentiel de tous les procédés est la rencontre et le développement simultané des deux libers, d'où résulte leur union intime.

On peut aussi pratiquer la greffe en couronne, que nous avons remarquée chez quelques bons cultivateurs en Lombardie; elle peut sur-tout devenir très-utile pour rétablir une haie de jeunes mûriers rabougris, ou dégradés par la dent des bestiaux. De petits mûriers dont le diamètre n'aurait pas plus d'un à deux pouces, taillés près de terre et greffés ainsi, pousseront, dès la première année, de beaux jets, qui regarniront la haie languissante.

Des agriculteurs instruits conseillent de greffer les jeunes sujets dans l'endroit même où ils ont été semés, parce qu'en ne formant ensuite une pépinière que de ces arbres greffés, on obtient des

individus plus égaux en vigueur et en croissance ;
au lieu qu'en les greffant en pépinière, ceux
dont la greffe viendrait à périr, devant être greffés de nouveau l'année suivante, seraient om-
bragés et affamés par leurs voisins, qui auraient
déjà poussé vigoureusement. D'ailleurs les sujets,
n'ayant pas souffert par la transplantation, doivent être mieux disposés à recevoir et à trans-
mettre à la greffe les sucs nécessaires pour la
faire reprendre.

Ceux qui ne veulent pas s'astreindre à suivre
cette pratique doivent, au moins, greffer leurs
arbres lorsqu'ils seront en pépinière, et non
point lorsqu'ils auront été plantés à demeure.

La première de ces deux méthodes paraît offrir plus d'avantages :

1°. Dans une petite étendue, on rassemble
un assez grand nombre d'arbres, que l'on soigne
avec beaucoup plus de facilité ; tandis que, lorsqu'ils sont dans les champs, on est obligé de par-
courir un long espace, d'y employer beaucoup
de temps et avec moins de succès.

2°. Les arbres en pépinière sont encore en
âge d'être greffés au collet des racines, ce qui
est toujours plus avantageux que de greffer sur
des branches, comme nous le dirons plus bas ;
et lors même qu'on placerait à demeure des

mûriers assez jeunes pour être greffés à leur base, les pousses partant près de terre seraient plus exposées à être endommagées.

Au second printemps des semis, dès que les boutons, un peu enflés par la sève, commencent à blanchir, on coupe, sur les meilleurs mûriers en rapport, des scions garnis de beaux yeux, peu écartés les uns des autres.

Pour conserver ces greffes, on les place en terre fraîche et humide, à l'exposition du nord, et on leur laisse deux ou trois boutons hors de terre.

Lorsque le danger des gelées est passé, on se sert de ces rameaux pour greffer les sujets qui ont acquis une grosseur de dix-huit lignes environ, après avoir coupé leur tige le plus près du sol qu'il est possible.

La pluie et les vents étant contraires à la reprise des greffes, on choisira les plus beaux jours.

Pour la seconde fois, il faut réceper les pieds encore trop faibles, pour ne les greffer qu'au troisième printemps.

Tout le monde n'approuve pas la méthode de greffer le mûrier rez terre : on allègue que l'arbre dont le tronc a conservé sa nature primitive vit un plus grand nombre d'années; mais l'expérience n'appuie point assez cette opinion pour qu'on doive l'adopter. Non-seulement l'accroissement du tronc sauvageon est ordinairement plus lent, mais les cultivateurs qui ne greffent point la tige du mûrier sont obligés de la revêtir de paille pour la rendre lisse et vigoureuse; ce qui augmente les frais de culture, et expose les plantes aux ravages des insectes, qui se nichent dans cette paille.

Au lieu d'empailler les jeunes mûriers, nous préférons les armer avec des épines serrées contre la tige par deux ou trois liens, ou de les entourer de broussailles, pour que les bestiaux ne les ébranlent pas en se frottant contre eux, et afin de briser les rayons solaires, qui, en frappant directement l'écorce, la dessèchent, et nuisent à la santé de l'arbre.

CHAPITRE IV.

DES PÉPINIÈRES.

LES jeunes mûriers que l'on a semés, après avoir resté, deux années, dans le même endroit, ont besoin, au troisième printemps, d'un plus grand espace pour végéter, et leur racine pivotante doit être dirigée de manière à faciliter la reprise de l'arbre lors de sa plantation définitive.

Pour remplir ce double but, on lève du semis les plants dont la greffe a réussi, et on les transplante dans la pépinière, qui est le lieu où ils recevront les dernières cultures, qui doivent les rendre propres à être plantés à demeure ; quant aux individus dont la greffe aurait péri, s'ils sont en petit nombre, on les rejette pour en débarrasser le terrain ; s'ils sont nombreux, on peut les greffer de nouveau.

On choisit pour la pépinière un sol léger, médiocrement fertile, à l'abri des vents du nord, ou autre vent local, reconnu contraire à la végétation.

On défonce le terrain à deux ou trois pieds de profondeur, on y répand du vieux fumier, ou, mieux encore, des retailles de cuir et de peau, engrais plus durable et singulièrement propre au mûrier. Ensuite on donne une bonne culture: plus on divise la terre, plus la reprise est certaine, et moins on a besoin d'engrais.

La disposition la plus convenable à la pépinière pour que l'air, la lumière et la chaleur puissent y pénétrer et circuler librement, est de planter les arbres en quinconce, à quatre pieds environ les uns des autres. Cette disposition est celle qui permet d'en placer un plus grand nombre dans les circonstances les plus égales; mais il est important d'observer cette distance, pour que les racines ne s'entrelacent point, qu'elles n'affament pas le sol qui doit les nourrir, et enfin pour qu'on puisse donner les cultures nécessaires et déraciner commodément les arbres.

On ouvre de petites fosses de douze à quinze pouces pour y planter les pourrettes qu'on aura extirpées avec soin; on étale leurs racines dans la direction qui leur est naturelle, et sans qu'elles se confondent entre elles; on les recouvre de terre, qu'on presse légèrement, et on égalise le sol.

Si la terre paraît trop sèche, on donne un arrosement au pied de chaque plante, afin d'y entretenir la fraîcheur convenable.

Après cette transplantation, on récèpe rez
terre les jeunes mûriers, et l'on fiche contre eux
la tige qu'on vient de couper, afin de mieux
apercevoir l'endroit où sont les jeunes plants.

Il est des agriculteurs qui ne coupent leurs
mûriers qu'à la hauteur où le tronc doit se par-
tager : par là, ils ont des arbres plus tôt formés;
mais les tiges sont inégales et moins vigoureuses.

Lorsque les jets se développent, on en laisse
subsister un seul, dont on détache les bourgeons
avec le pouce à mesure qu'ils paraissent.

A l'aide de fréquens labours et des sarclages
nécessaires, les jeunes plants pourront parvenir,
dès la première année de leur entrée en pépinière, à la hauteur que le tronc doit avoir.

Au printemps suivant, qui est le quatrième,
on coupe les tiges à la hauteur à laquelle on juge
convenable d'arrêter le tronc des mûriers.

La règle la plus sûre est de proportionner la
hauteur à la force du pied et aux localités.

Dans un champ pauvre, entièrement consacré
aux mûriers, une tige de cinq à six pieds est suffi-
sante; la cueillette des feuilles en sera plus facile.

Dans un bon sol destiné à la récolte des céréales ou au pâturage, huit ou neuf pieds de
tige sont convenables, afin que la terre jouisse
librement du soleil et de l'air.

Pour ne pas gêner la voie publique, si les mûriers bordent les chemins, une tige de sept à huit pieds devient nécessaire.

On les attache avec de l'osier à des tuteurs ou à des perches horizontales, supportées par des pieux, que l'on place aux extrémités de chaque ligne et de distance en distance, en enveloppant les tiges d'un bourrelet de paille sous la ligature, pour les éloigner un peu des pieux et éviter le frottement.

A l'époque de la pousse, on retranche tous les bourgeons et on n'en réserve que deux ou trois au haut de la plante, les plus forts et les plus opposés : ces jets, que l'on aura soin d'ébourgeonner aussi, formeront les branches-mères de l'arbre.

Si le terrain est bien cultivé ; si, dans les grandes sécheresses, on lui donne quelques légers arrosemens ; si la pépinière est vivifiée par le soleil ; enfin si on ne néglige pas les soins faciles que nous avons indiqués, on aura des mûriers bien constitués et propres à être transplantés à demeure dès leur sixième année.

Ceux qu'on laisse trop long-temps en pépinière sont généralement d'une reprise difficile, et végètent languissamment.

CHAPITRE V.

DES PLANTATIONS A DEMEURE.

On croit communément que la réussite des plantations dépend sur-tout des engrais qu'on leur prodigue : il est vrai de dire qu'ils aident puissamment la végétation ; cependant si l'ouverture des terres est trop petite, si on ne leur donne pas la culture requise, malgré les meilleurs engrais, les racines ne trouveront, quelques années après, qu'un sol endurci et aride. Il serait sans doute très-avantageux que le terrain fût complétement défoncé ; mais l'énorme dépense de ce travail ne permet pas qu'il soit exécuté.

Les trous dans lesquels on doit planter le mûrier doivent être plus ou moins grands, selon la grosseur des pieds qu'on leur destine, et selon la nature de la terre où ils sont faits.

En fixant leur mesure à six pieds de côté sur deux ou trois de profondeur, nous dirons qu'on ne risque jamais de les faire trop grands et trop profonds, et qu'il n'y a que la dépense qui doive arrêter à cet égard, parce que plus il y aura de terre remuée, plus les mûriers prospéreront.

On prépare ces trous plusieurs mois auparavant; plus on s'y prend d'avance, plus la terre absorbe les principes fertilisans répandus dans l'atmosphère. Nous n'entreprenons jamais de les faire lorsque la terre est trop mouillée; cette considération est sur-tout importante pour les terres argileuses, dont les molécules se durcissent et adhèrent quelquefois entre elles au point de devenir infertiles.

L'agriculteur soigneux jette sur un des bords la couche supérieure du terrain avec les gazons qui peuvent s'y trouver, et sur un autre il jette la terre du dessous : la première, plus fertile, servira à faire un bon fond aux racines.

L'espacement qu'il convient de mettre entre chaque trou doit varier suivant la qualité du terrain, c'est-à-dire qu'ils seront plus écartés dans un sol riche que dans un sol pauvre.

La distance moyenne peut être fixée à quatre toises environ d'un mûrier à l'autre. La durée et le bel effet des plantations dépendent aussi de leur éloignement.

Lorsque le mûrier est de force à être planté à demeure, on l'enlève de la pépinière en faisant une fouille assez profonde pour dégager toutes les racines sans les endommager.

Pour que les mûriers réussissent, il est essentiel de les planter dès le moment où ils sortent de la pépinière; et lorsqu'il est impossible de le faire promptement, nous les recouvrons de terre jusqu'au moment où on les plante.

C'est alors qu'après avoir donné un labour au fond du trou, on rafraîchit les racines du mûrier en coupant l'extrémité de celles qui auraient été desséchées ou mutilées; on le place le plus perpendiculairement possible; on distribue les racines autour du tronc, de manière qu'elles soient également écartées, sans les forcer en aucune manière.

Les racines souffrent autant de la sécheresse que de l'excès d'humidité; trop près de la superficie du terrain, dit Duhamel, l'arbre peut être renversé par le vent : les grandes sécheresses ou les fortes gelées sont dans le cas d'atteindre ses racines et de les faire périr; mais si on le plante trop avant, les racines sont moins à portée de s'étendre dans la meilleure terre, qui est toujours à la surface, et elles se trouvent privées des influences de la chaleur, de l'air et des petites pluies. Il importe donc d'observer un juste milieu.

Dans les terrains légers et pierreux, exposés aux ardeurs du soleil, on plante le mûrier plus bas, afin que les racines ne se dessèchent point

Dans les terres fortes et argileuses, on les enfonce moins, mais toujours à une profondeur telle, qu'elles ne soient point atteintes par les instrumens du labourage.

Pour que les racines ne soient point ébranlées, on donne à l'arbre un tuteur, qu'il faut enfoncer dans le trou avant de le remplir, soit pour le fixer plus solidement, soit pour ne point offenser les racines.

On jette ensuite et on étend dans le trou la terre qu'on a extraite la première; on en garnit les racines de bonne terre sans laisser des vides entre elles; et à peine sont-elles recouvertes, qu'on étend par-dessus une couche légère de retailles de peau ou de fumier consommé, que l'on a soin de ne pas accumuler contre la tige, ni de laisser en contact avec les racines.

On assujettit l'arbre à son tuteur avec des osiers, comme on l'a pratiqué dans la pépinière.

On détache avec la bêche la terre qui recouvre les parois du trou, on brise les mottes, et on finit de le combler.

On marche fortement autour de l'arbre pour plomber la terre, et si le sol est de nature à retenir l'eau, on l'élève un peu au pied de l'arbre, observant néanmoins que l'endroit de la greffe ne soit pas enterré.

Il est de bons agriculteurs qui plantent leurs arbres dans la même position où ils étaient par rapport au soleil; des expériences qui ont été faites ne prouvent point qu'il soit nécessaire d'orienter les plantations.

Dans les terres où il ne convient point, comme nous l'avons dit, de planter profondément, on doit faire les plantations au printemps, lorsque le terrain est bien ressuyé. Dans les autres terres, on peut planter en automne, immédiatement après la chute des feuilles.

L'usage le plus général est de ne planter dans les champs que des mûriers non greffés, auxquels on a supprimé la tête, pour leur faire pousser de nouvelles branches, sur lesquelles on pratique la greffe.

Cette méthode nous paraît contraire à l'intérêt du cultivateur, parce que la greffe ne réussissant point sur chaque individu, les plantations deviennent inégales; on est obligé de greffer de nouveau, ce qui occasionne une perte de temps et retarde le produit de l'arbre.

On doit, au contraire, laisser au haut de l'arbre deux ou trois branches, les plus saines et les mieux placées, pour lui faire prendre une forme évasée et commode pour la cueillette.

On coupera net ces branches à six ou huit

pouces du tronc, en observant que le bouton sous la taille se trouve sain et tourné en dehors; toutes les autres branches seront supprimées.

Toutes les fois que la coupe occasionne à l'arbre de fortes blessures, il est toujours utile de les recouvrir avec un bon englument, afin d'empêcher l'extravasation de la sève, le desséchement du bois et l'introduction des eaux pluviales.

L'onguent de Saint-Fiacre, qui n'est qu'un mélange de bouse de vache et de terre argileuse, environ par moitié, est celui qui s'adapte le plus intimement au bois.

Est-il nécessaire d'exhorter les cultivateurs à avoir chacun leur pépinière? Celui qui en possède une se procure des arbres déjà naturalisés sur le lieu même; il n'extirpe, chaque jour, que les arbres qu'il peut planter; il profite des momens favorables que la saison lui présente; il veille à les faire arracher avec attention et replanter de même. Il économise le temps et les frais; il assure à ses plantations le succès le plus satisfaisant.

Il est d'ailleurs reconnu que les arbres élevés et transplantés dans des terres presque de même nature prennent un accroissement bien plus considérable.

CHAPITRE VI.

DE LA CONDUITE DES MURIERS PENDANT LES QUATRE
PREMIÈRES ANNÉES DE LEUR PLANTATION.

Première année.

L'ACTION vitale des plantes donne à la sève du
printemps un mouvement d'ascension qui agit
avec force dans leurs extrémités supérieures ; là,
se trouvant arrêtée, elle enfle les boutons et en
détermine le développement.

Alors, pour donner une forme convenable au
mûrier, nous ne laissons, la première année, que
deux boutons à chaque branche, en préférant
ceux qui sont en dehors de la circonférence de
l'arbre et qui annoncent le plus de vigueur.

De temps en temps, le cultivateur diligent
visite ses nouvelles plantations ; il supprime les
pousses inutiles, ne laissant subsister à chaque
branche que celles que nous indiquons comme
bonnes à conserver.

Cet ébourgeonnement doit se faire pendant
que les pousses sont encore naissantes et faciles

à être détachées, afin de ne point déchirer l'écorce.

On ne laisse croître aucune plante au pied de l'arbre, de crainte qu'elle ne le prive des principes alimentaires, et afin que ses racines puissent, pour ainsi dire, respirer l'air extérieur.

On donnera au terrain de fréquentes cultures : ce travail n'est jamais perdu.

Deuxième année.

Vers le mois de mars, on déchausse l'arbre jusqu'aux racines, et l'on retranche soigneusement toutes celles qui ont poussé du tronc, près de la superficie de la terre, de manière que les racines inférieures acquièrent plus de force, et se trouvent à l'abri des fortes gelées, des chaleurs excessives et des atteintes de la charrue ou d'autre instrument ; il faut que les racines puissent ressentir les influences de l'atmosphère, mais qu'elles n'y soient pas immédiatement exposées.

On détache la plante de son tuteur, et l'on renouvelle les vieilles ligatures, qui gêneraient l'accroissement de l'arbre.

On rabat, à longueur moyenne, les jets de la première année, en observant que le bouton sous la taille se trouve en dehors , et on recouvre les coupures avec un bon englument.

Lorsqu'une pousse est faible , on la supprime , afin de ne laisser que celles qui sont vigoureuses.

A l'époque où le mûrier bourgeonne , on enlève les pousses qui se dirigent vers le centre de l'arbre ; on en conserve seulement deux à chaque rameau, dirigées en dehors , et , autant que possible, en sens contraire ; à mesure qu'il paraît d'autres pousses, on les enlève.

L'expérience fait voir l'utilité de cette méthode pour obtenir non - seulement des mères-branches et des rameaux robustes à la fin de la seconde année, mais aussi pour donner à l'arbre une forme régulière et favorable à la cueillette.

On ne peut assez désapprouver l'usage généralement suivi de laisser grossir les jeunes pousses, pour ne les rabattre que quelques années après ; c'est à cette pratique qu'on peut attribuer les plaies et les difformités d'un grand nombre de mûriers.

Une erreur non moins grave est celle de rabattre les rameaux faibles , pour les renforcer , et de laisser intacts ceux qui sont forts et vigoureux. On doit , au contraire, ravaler les rameaux forts et ménager les faibles , afin d'obliger ces derniers à pousser des bourgeons , qui se mettront en équilibre avec les autres.

Troisième année.

Au printemps, on renouvelle les ligatures, comme dans l'année précédente.

On supprime les rameaux intérieurs, qui, en grossissant, empêcheraient le cueilleur de se poser commodément pour effeuiller l'arbre ; ce retranchement doit se faire assez près du bois pour qu'il ne puisse repousser d'autres jets aux dépens de ceux qui doivent s'étendre extérieurement.

Lorsque, dans la seconde année, on aura eu soin de détacher les bourgeons intérieurs de l'arbre, les rameaux qu'il est utile d'élaguer seront en très-petit nombre.

Après avoir disposé ainsi la tête du mûrier, on raccourcit tous les jets, pour qu'ils ne s'élancent point trop et qu'ils se ramifient. Lorsque ces jets sont convenablement taillés, l'arbre se garnit de beaux rameaux, bien placés, faciles à atteindre et à effeuiller.

On supprime sans retard tous les rameaux qui se croisent et se confondent, ou dont la direction s'oppose à l'évasement de l'arbre, sans les détruire en entier, mais en les ravalant à l'endroit où ils commencent à être défectueux.

Après que l'intérieur de l'arbre est régularisé,

on raccourcit les rameaux extérieurs, soit pour les faire ramifier, soit pour empêcher qu'ils ne s'étendent outre mesure, et ne rendent la cueillette trop difficile.

Cet ébranchement fait, on déchausse l'arbre, comme dans l'année précédente; on visite les racines, on les recouvre, et on donne un labour à la terre.

Il ne faut jamais, lorsqu'on taille, grimper sur l'arbre, ni appuyer l'échelle contre lui; on se servira, pour ne point l'ébranler, d'une échelle double, ou de celle décrite dans notre neuvième chapitre.

On sait que les plantes se nourrissent non-seulement par les racines, mais encore par les feuilles, qui pompent dans l'air des principes qu'elles transmettent aux parties voisines; il est donc évident qu'un des moyens qui contribuent le mieux à nous procurer de belles plantations est d'attendre encore quelques années pour effeuiller le mûrier, afin qu'il puisse croître et se développer avec plus de force.

Le cultivateur qui se prive, au moins jusqu'à la cinquième année, du peu de feuilles qu'il pourrait récolter, en est largement dédommagé lorsque l'arbre, garni de branches vigoureuses, se pare d'un riche feuillage.

Disons cependant que, lorsqu'une saison défavorable fait appréhender une récolte de feuilles trop médiocre, on peut tirer parti de la feuille des jeunes mûriers dès la troisième année de la plantation, non en les effeuillant, mais en différant la taille jusqu'à la naissance des vers à soie, pour alimenter ces insectes avec la feuille des branches coupées : on ne dégarnira point les autres.

On pourrait appliquer utilement cet expédient aux mûriers qui paraissent languir.

Quatrième année et autres suivantes.

Après trois années accomplies, on peut commencer à cueillir la feuille, en prenant les soins que nous indiquerons ailleurs ; mais, à moins d'un pressant besoin, comme nous l'avons dit, on fera mieux de ne point dépouiller le mûrier cette année ni les deux suivantes.

On continue à supprimer les branches intérieures qui sont en désordre, ou qui s'élèvent démesurément ; on enlève les rejets qui sont faibles, malades ou rompus, et l'on taille l'extrémité des branches restantes.

C'est après avoir effeuillé l'arbre qu'on doit immédiatement faire cette opération, et dans le cas qu'on veuille suivre le conseil donné plus haut, de ne pas l'effeuiller encore, on la fait aussitôt qu'il n'y a plus de gelée à craindre.

L'arbre doit être garni de belles branches, et présenter la forme d'un oranger évasé en dedans et arrondi en dehors.

De temps en temps, on visite les liens, on détruit les insectes, et si le tronc ne se développe point en proportion des branches, on peut fendre l'écorce de la tige dans toute sa longueur avec la pointe d'une serpette, qui pénètre jusqu'à l'aubier sans l'attaquer.

Les mêmes préceptes que nous venons d'exposer serviront à diriger le mûrier pendant plusieurs années suivantes.

CHAPITRE VII.

DE LA CONDUITE DES MURIERS ADULTES.

Il est des pays où l'on abandonne les mûriers adultes à eux-mêmes, et dans beaucoup d'autres on les soumet à une taille plus ou moins rigoureuse et plus ou moins fréquente.

Ces différentes pratiques tiennent plutôt à l'habitude qu'aux principes d'une saine agriculture.

Trois choses sont à considérer dans la conduite du mûrier :

1°. La qualité et l'abondance de la feuille ;

2°. La durée de l'arbre ;

3°. La sûreté et la facilité de la cueillette.

Toute méthode qui ne serait point fondée sur ces principes est dangereuse ou inutile.

La taille contribue sans doute à faire abonder la feuille, et à la rendre plus large ; mais si elle est intempestive et mal exécutée, l'arbre jette une feuille moins substantielle et en moindre quantité.

Nous ne suivrons point la méthode de ceux qui, tous les trois ou quatre ans, abattent toutes les branches secondaires, pour ne laisser que les mères-branches de l'arbre. Il est vrai que la feuille, comme nous l'avons dit, en devient plus large, et que la cueillette en est plus facile ; mais elle est faible, et forme une mauvaise nourriture, et, en outre, cet ébranchement nuit à la durée de l'arbre, qu'il affaiblit, qu'il charge de cicatrices, et dont il diminue le produit, en contrariant son développement naturel.

Dans les lieux où cet usage existe, on s'étonne du prompt dépérissement des plantations ; ce qui doit surprendre davantage, c'est de voir des mûriers qui survivent à ce mauvais traitement.

Lorsque, par un excès contraire, on abandonne le mûrier à lui-même, il pousse des feuilles petites et peu nombreuses ; on a de la peine à les cueillir. C'est aux abus de la taille qu'il faut attribuer les maux qu'elle cause, et non à la taille en elle-même.

Pendant les premières années où l'on récolte la feuille, la plante n'étant pas encore formée, il faut opérer avec beaucoup de circonspection ; c'est-à-dire que le cultivateur doit régler la taille, de manière que les branches de l'arbre se subdivisent graduellement, et qu'une distribution égale de sève établisse un parfait équilibre dans toutes les parties.

Après la cueillette des feuilles on doit :

1°. Décharger le mûrier des branches mortes, et de celles endommagées en récoltant la feuille;

2°. Enlever les branches d'une végétation trop faible;

3°. Arrêter celles d'une végétation trop forte, ou les forcer à se courber pour modérer la sève;

4°. Empêcher l'arbre de s'élever et de s'étendre outre mesure;

5°. Raccourcir les branches qui s'opposent à l'évasement de la tête de l'arbre, et celles qui sont trop pendantes;

6°. Remettre dans leur direction naturelle les branches que le cueilleur aura forcées.

C'est principalement lorsque l'arbre est encore jeune que la taille doit tendre à fortifier les branches inférieures, en ne laissant point prendre trop de force à celles qui sont plus élevées; mais ce travail demande une main sûre, et un instrument bien affilé, pour ne pas occasionner des blessures, toujours nuisibles à l'arbre.

Cet élagage aura lieu, chaque année, à l'époque indiquée plus haut, jusqu'à ce que l'arbre soit entièrement formé. Dans les années suivantes, lorsque les mûriers seront en plein rapport, les mêmes principes que nous avons établis serviront toujours de guide à l'agriculteur pour diriger prudemment la taille, soit en ne s'opposant point trop à l'accroissement naturel de l'arbre, soit en ne l'abandonnant pas trop à sa force végétative; en un mot, on aura toujours en vue la bonté et l'abondance de la feuille, la conservation de l'arbre, et enfin la sûreté et la commodité des ouvriers employés à cueillir la feuille.

Le succès que l'on obtient parfois en étêtant les mûriers qui languissent ne peut détruire ces principes. Si quelques-uns rajeunissent, il est constant que le plus grand nombre ne résistent point à cette violente opération, et qu'ils sont tous appauvris et défigurés : on ne doit hasarder cet expédient que dans les cas extrêmes.

Dans quelques endroits, un usage abusif ajoute aux effets de l'ignorance ; le propriétaire abandonne au cultivateur le bois coupé : ce dernier taille le plus qu'il peut pour faire du bois de chauffage ; il ne voit dans le mûrier que le préjudice de l'ombre, qu'il s'exagère toujours.

Lorsque les rameaux se dessèchent, que les feuilles deviennent rares, petites, et qu'elles jaunissent avant l'arrière-saison, il vaut mieux soumettre l'arbre à une taille modérée, qui donne peu de longueur aux branches, afin qu'en se fortifiant elles renforcent aussi les racines correspondantes, et pendant une année ou deux on ne privera point l'arbre de ses feuilles.

Le mûrier annonce-t-il une prochaine déca-
dence, on le traitera plus sévèrement, en rac-
courcissant les grosses branches à un ou deux
pieds au-dessus du tronc, plus ou moins, selon
leur force, leur longueur, et selon la grosseur
de l'arbre; mais l'étêtement du mûrier sera le
dernier moyen à employer.

On peut, en outre, déchausser l'arbre pour
visiter ses racines, les recouvrir de bonne terre,
sur laquelle on étend une couche de retailles de
cuir ou de vieux fumier.

La taille que nous avons indiquée doit être
faite en automne, après la tombée des feuilles,
ou au printemps dans les terres froides, avant
que l'arbre entre en végétation.

Faire la coupe nette, franche, unie, et en bec
de flûte, pour que l'eau ne s'arrête point, recouvrir les blessures, enlever les mousses et les
lichens, faire la chasse aux insectes (1), donner
de bonnes cultures au pied de l'arbre, et y répandre du fumier sans profusion, ce sont des
détails dont le bon sens et l'habitude instruisent
suffisamment.

---

(1) Les insectes qui nuisent le plus au mûrier sont la *lamia
curculionoïdes* et la *lamia lugubris*, Fab., dont les larves, et
principalement celles de la première espèce, attaquent la
substance ligneuse de l'arbre.

La durée du mûrier est encore indéterminée, et il est probable qu'elle serait très-longue si plusieurs causes n'en occasionnaient le dépérissement prématuré.

On peut les rapporter aux suivantes :

A une éducation mal soignée;

A l'impatience de jouir de la feuille, et au peu de soin qu'on apporte à la cueillir;

A la taille inconsidérée de l'arbre.

La connaissance de ces causes générales indique assez qu'une bonne culture, conforme aux principes que nous exposons, peut prévenir les maladies du mûrier, tandis qu'il est difficile d'en arrêter les progrès une fois que l'arbre en est atteint.

Le mûrier est soumis, comme tous les autres végétaux, à la loi de l'assolement, qui veut que les végétaux se substituent continuellement les uns aux autres, et lorsque sa mort provient de ce qu'il a épuisé le sol des sucs nécessaires à sa nourriture, il faut ou ne planter un nouveau mûrier à la même place que beaucoup d'années après, ou enlever la totalité de la terre et la remplacer par d'autre.

CHAPITRE VIII.

DES HAIES.

Nos campagnes sont couvertes de haies qui diminuent nos récoltes en occupant une partie des terrains les plus utiles et en servant de retraite à une multitude d'insectes.

Au lieu de planter des ronces, des épines blanches, des prunelliers, des ormeaux, si le cultivateur formait des haies de mûriers dans les endroits qui sont à l'abri des bestiaux, il trouverait dans la récolte des feuilles un dédommagement que ces autres plantes ne peuvent lui donner.

A l'exception des terres arides ou marécageuses, toute espèce de terrain peut être clos de mûriers, pourvu qu'il soit exposé à l'action du soleil.

Les feuilles de ces haies, plus précoces que celles des mûriers à haute tige, permettent d'entreprendre de bonne heure l'éducation des vers à soie; elles procurent à ces insectes une nourriture très-convenable dans les deux premiers âges, et, dans l'intervalle, les grands arbres ont le temps de déployer tout leur feuillage. Enfin il est facile d'avoir toujours de la feuille sèche, en mettant une partie de la haie à l'abri de la pluie par le moyen d'une banne de grosse toile, que l'on change de place à volonté.

Pour former une haie, on déracine soigneusement des pourrettes greffées d'une année, et on les plante en ligne à dix-huit pouces de distance dans un fossé préparé quelques mois auparavant, et plus ou moins grand selon la qualité du terrain.

On récèpe ces plants à quatre ou six doigts de terre; on conserve à chaque tige deux jets, tournés en sens contraire, et on en enlève tous les bourgeons latéraux.

De cette manière, chaque tige aura, la première année, deux branches vigoureuses.

Au printemps suivant, on ravale sur chaque mûrier, et du même côté, une de ces deux branches à la hauteur d'un pied environ; de façon que les mûriers, formant la haie, se trouveront avoir une branche coupée, tous d'un seul et même côté, et ils auront tous pareillement une branche entière du côté opposé.

On incline vers l'horizon les branches qu'on a conservées dans toute leur longueur; on les dirige d'un même côté à la suite l'une de l'autre, en les unissant avec de l'osier à celles qui ont été coupées ; de manière que ces branches forment une seule ligne presque parallèle au sol. Au printemps, c'est-à-dire au commencement de la troisième année de la plantation, ces branches inclinées pousseront de nombreux rameaux, qu'on forcera à prendre une direction latérale, pour que la haie soit bien garnie.

Au commencement de la même année, on taille la jeune haie à un pied et demi ou deux pieds du sol, sans recueillir encore la feuille.

Si la haie se dégarnit, il faut, au printemps, remplacer les pieds morts en couchant en terre une jeune branche du mûrier le moins éloigné ; l'extrémité de cette marcotte, ressortant de terre, formera un nouveau pied, qu'on élèvera de la même manière que l'a été la plante-mère.

Les notions que nous avons données pour planter, émonder et tailler le mûrier à haute tige, pour amender et sarcler, doivent s'appliquer pareillement à la formation des haies.

CHAPITRE IX.

DE LA CUEILLETTE DES FEUILLES.

La cueillette de la feuille doit se faire avec beaucoup de ménagement, pour que le mûrier souffre le moins qu'il est possible de cette opération, à laquelle la nature n'a destiné aucun arbre.

Il est essentiel, dans la récolte des feuilles, d'en dépouiller entièrement le mûrier ; si on en laisse sur quelques branches, elles y attirent les principes nutritifs, tandis que les branches effeuillées sont imparfaitement nourries.

Les jeunes mûriers seront toujours dégarnis les premiers, afin de leur laisser plus de temps pour se revêtir de nouvelles feuilles, d'autant plus que la feuille des vieux arbres, plus substantielle et plus mûre, convient davantage dans les derniers âges des vers à soie.

On fera en sorte de ne commencer la cueillette qu'après que la rosée sera dissipée, et de la cesser avant le coucher du soleil.

On doit, pour effeuiller l'arbre, passer la main de bas en haut sur les branches : il y aurait plus de facilité à arracher les feuilles dans le sens contraire ; mais on ferait sauter les yeux ou boutons du mûrier.

On ne montera point sur les jeunes mûriers, dont les rameaux, encore trop faibles, pourraient être cassés ou abaissés par le poids des cueilleurs ; mais on se servira d'échelle double, si l'on ne préfère adopter notre *échelle-brouette* figurée et décrite plus bas ; elle se compose de deux parties ; la première est une brouette, dont les bras, longs de sept à huit pieds, sont droits, dépassent un peu la roue en avant, et sont réunis par quatre échelons ; les montans, prolongés et longs d'environ six pieds, sont traversés par le quatrième échelon de la brouette, à l'aide de laquelle un seul homme peut transporter plusieurs sacs de feuilles. A moitié déployée, elle forme une double échelle, dont l'écartement des bras assure la solidité ; elle convient alors aux jeunes arbres, contre lesquels on ne doit jamais appuyer les échelles : déployée entièrement, elle présente une échelle simple, solide et légère, longue de douze à treize pieds.

Les sacs pour la cueillette doivent être garnis d'un cerceau, pour les tenir ouverts, et munis d'un crochet pour les suspendre aux branches.

On aura soin de ne point vider la feuille sur la terre, sur-tout quand celle-ci est boueuse ou couverte de poussière.

Lorsqu'on transporte la feuille sur des chariots, il faut la couvrir de rameaux de chêne ou autres, afin de la défendre des rayons du soleil.

La feuille infectée d'une matière visqueuse, connue sous le nom de miellée, est nuisible aux vers à soie; on ne la cueille que dans l'extrême besoin, et on ne l'emploie qu'après l'avoir lavée et soigneusement séchée.

La feuille tachée de rouille ne fait aucun mal aux chenilles : elles ne se nourrissent que de la partie qui est saine.

Il est des pays où l'on effeuille aussi le mûrier en automne pour la nourriture ou pour la litière des bestiaux. L'arbre, qui éprouve déjà une crise par l'effeuillaison du printemps, souffre beaucoup de cet usage inconsidéré; on peut tout au plus se permettre de secouer doucement les branches, pour hâter la tombée des feuilles qui sont prêtes à se détacher; mais on ne doit jamais gauler fortement ces branches, comme on ne le fait que trop souvent. Lorsque les gelées ont fait périr la première pousse, on fait très-bien de s'abstenir d'effeuiller la seconde.

Enfin les cultivateurs qui laisseront reposer, tous les quatre ou cinq ans, la quatrième ou cinquième partie de leurs plantations, auront des arbres mieux garnis et d'une plus longue durée.

EXTRAIT

DES REGISTRES DE LA SOCIÉTÉ ROYALE D'AGRICUL-
TURE ET D'HISTOIRE NATURELLE DE LYON.

M. Matthieu Bonafous, membre correspondant à Turin, voulut bien, l'an dernier, communiquer à la Société un Mémoire de sa composition sur la manière d'élever les vers à soie, d'après la méthode de l'illustre Dandolo. Cet ouvrage très-estimable, qui fut publié sous les auspices de la Société, *a beaucoup contribué à étendre dans le département l'amélioration industrielle autant qu'agricole dont* M. *le comte de Lezay-Marnezia avait eu l'heureuse idée.*

Non content de faire connaître les meilleurs principes sur l'éducation des vers à soie, M. Bonafous vient d'exposer la méthode la plus sûre pour cultiver avec succès l'arbre qui nourrit ces insectes précieux.

Ainsi que le précédent, cet ouvrage de notre honorable correspondant se distingue par l'ordre, la précision et la clarté, et il donne à son auteur de nouveaux droits à l'estime de la Société d'agriculture et à la reconnaissance du public.

Séance du 1er. mars 1822.

Le Secrétaire perpétuel, Signé GROGNIER.

EXPLICATION DE LA PLANCHE.

Fig. 1. Echelle-brouette développée en échelle simple.

B, Saillie ou excédant de la traverse, pour former arrêt lorsque l'échelle-brouette est développée en échelle simple, et pour la soutenir au-dessus de la roue lorsqu'elle sert de brouette, *fig.* 3.

Fig. 2. Échelle-brouette relevée en double échelle.

A, A. Petites joues ajoutées contre les brancards pour abaisser le centre de la roue lorsque l'échelle-brouette sert de brouette.

Fig. 3. Echelle-brouette faisant office de brouette.

TABLE DES MATIÈRES.

Paris, Imprimerie de Madame Huzard (née Vallat la Chapelle),
Rue de l'Éperon-Saint-André-des-Arts, n°. 7.

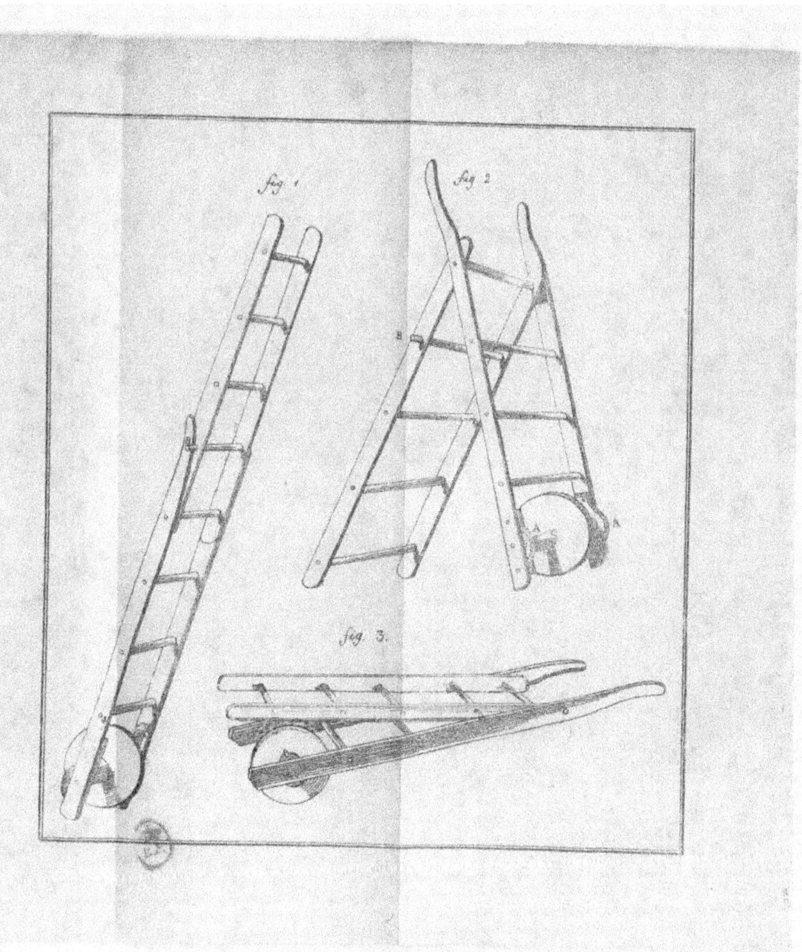

fig. 1
fig. 2
fig. 3
B
A
A

ART de faire le vin et de distiller les eaux-de-vie; par *A. B****. Paris, 1820, in-8°., fig.   2 f. et 2 f. 50 c.

ART de faire le vin; par *Fabbroni*, ouvrage couronné par l'Académie royale de Florence. Trad. de l'ital. par *Baud*. Paris, 1801, in-8°.   3 f. et 4 f.

ART de multiplier les grains, ou Tableau des expériences qui ont eu pour objet d'améliorer la culture des plantes céréales, d'en choisir les espèces et d'en augmenter le produit; par M. *François de Neufchâteau*. Paris, 1809, 2 vol. in-12.   6. f. et 8 f.

CHIMIE APPLIQUÉE A L'AGRICULTURE, par M. le comte *Chaptal*, pair de France, membre de l'Institut, etc. Paris, 1823, in-8°.   12 f. et 15 f.

COLLECTION de mémoires ou de lettres relatives aux effets, sur les oliviers, de la gelée du 11 au 12 janvier 1820; imprimée sur la demande du conseil d'agriculture, par ordre de S. Ex. le ministre de l'intérieur, pour l'instruction des propriétaires des départemens méridionaux de la France. Paris, 1821, in-8°.
          3 f. 25 c. et 4 f. 25 c.

COURS (nouveau) complet d'agriculture théorique et pratique, contenant la grande et la petite culture, l'économie rurale et domestique, la médecine vétérinaire, etc. Nouvelle édition, revue, corrigée et augmentée. 16 vol. in-8°. de 5 à 600 pages chacun, avec fig.
          120 f.

DICTIONNAIRE (nouveau) d'histoire naturelle appliquée aux arts, à l'agriculture et à l'économie rurale et domestique, à la médecine, etc.; par une *Société de naturalistes et d'agriculteurs*: nouvelle édition, avec figures tirées des trois règnes de la nature. Paris, 1816 à 1819, 30 vol. in-8°.   288 f.

DESCRIPTION des nouveaux instrumens d'agriculture les plus usités; par *A. Thaër*. Trad. de l'allemand, par *C.-J.-A. Mathieu de Dombasle*. Avec 26 pl. gravées par *Leblanc*. Paris, 1821, in-4°.   13 f. 50 c. et 15 f.

DISPENSAIRE pharmaco-chimique, à l'usage des élèves des écoles vétérinaires: on y trouve les élémens théoriques et pratiques de ces deux sciences; par *F.-J. Bouillon-Lagrange*. Paris, 1813, in-8°, fig.
          5 f. et 6 f. 50 c.